BEI GRIN MACHT SICH IHR
WISSEN BEZAHLT

- Wir veröffentlichen Ihre Hausarbeit,
  Bachelor- und Masterarbeit

- Ihr eigenes eBook und Buch -
  weltweit in allen wichtigen Shops

- Verdienen Sie an jedem Verkauf

Jetzt bei www.GRIN.com hochladen
und kostenlos publizieren

Max Ebersberger

Regenwälder als Wohn- und Wirtschaftsraum

GRIN Verlag

Bibliografische Information der Deutschen Nationalbibliothek:

Die Deutsche Bibliothek verzeichnet diese Publikation in der Deutschen National-bibliografie; detaillierte bibliografische Daten sind im Internet über http://dnb.d-nb.de/ abrufbar.

Impressum:

Copyright © 2011 GRIN Verlag GmbH
Druck und Bindung: Books on Demand GmbH, Norderstedt Germany
ISBN: 978-3-656-18238-2

Dieses Buch bei GRIN:

http://www.grin.com/de/e-book/192964/regenwaelder-als-wohn-und-wirtschaftsraum

Gliederung

1. Hinführung zur Ausgansfrage und Ausblick über die Themengebiete

2. Die tropischen Regenwälder Südamerikas als Wohn- und Wirtschaftsraum

2.1 Wirtschaftliche Nutzung tropischer Regenwälder in Südamerika

2.1.1 Holz als Wirtschaftsgut

2.1.2 Bodenschätze

2.2 Agrarnutzung

2.2.1 Wanderfeldbau

2.2.2 Plantagenwirtschaft

2.3 Die Tropen Südamerikas als Wohnraum

2.3.1 Das Siedlungsprojekt Rondina

3. Abschließende Gedanken

4. Literatur- und Quellenangaben

4.1 Monographien und gedruckte Artikel
4.2 Internetquellen

1. Hinführung zur Fragestellung und Ausblick über die Themengebiete

Der tropische Regenwald als Thema für eine wissenschaftliche Arbeit hätte vor einigen Jahrzehnten sicherlich noch wenig Aufmerksamkeit generiert. Doch seit zwei Jahrzehnten spielen Weltkonferenzen zu Themengebieten wie „Umweltzerstörung", „Menschenrechtssituationen", „Bedrohungen der Lebensverhältnisse" eine entscheidende Rolle in der internationalen Politik.[1] Erst die Veränderungen in der Welt schaffen Aufmerksamkeit für eine wichtige Erkenntnis. Wir als Deutsche leben nicht in einer abgeschotteten Wohlstandsgesellschaft, sondern sind Teil einer globalen Welt und tragen Verantwortung als hochentwickeltes Industrieland an einer tragfähigen Klima- und Menschenrechtspolitik in besonderem Maße global mitzuwirken.

Der Lebensraum der Menschen ist begrenzt, doch seitdem vor 100 Jahren die Menschheit dazu übergegangen ist fossile Brennstoffe und Treibhausgase in gewaltigen Mengen zu verbrauchen stellen sich Fragen, die vor wenigen Jahrzehnten noch unbekannt waren.[2] 1997 wurde daher das Kyoto-Protokoll verabschiedet mit dem Ziel die weltweiten Treibhausgase zu verringern und den Lebensraum der Menschen zu schützen.[3] Ein Lebensraum, der auch langläufig als „grüne Lunge der Welt" bezeichnet wird ist der tropische Regenwald. Schon alleine aufgrund dieser Tatsache sollte man sich mit dieser Thematik beschäftigen.

Die Entwicklung dieser tausende von Kilometern von uns entfernten Weltregion hat einen so existenziellen Einfluss auf das Leben in unserer Region, dass eine Vernachlässigung sogar strafbar wäre. Unter dem Gesichtspunkt des Wirtschaftsraumes soll analysiert werden, inwieweit Bodenschätze oder Holzwirtschaft sich auf diese Region auswirken und was an wirtschaftlicher Arbeit dort für die einheimische Bevölkerung überhaupt möglich ist. Dies ist sogleich der Übergang zur zweiten Teilfrage, denn der tropische Regenwald ist nicht nur eine Wirtschaftsregion, sondern auch ein Lebensraum für Millionen von Menschen. Unter besonderem Verweis auf ein Siedlungsprojekt und die Lebenswirklichkeit der Ureinwohner soll ein Einblick in jenen fernen Teil der Welt gewonnen werden, der in Wahrheit gar nicht so weit und abgelegen von uns entfernt ist.

---

[1] Müller, Klaus: Globalisierung, Frankfurt 2002, S. 7
[2] Oberthür, Sebastian: Das Kyoto-Protokoll. Internationale Klimapolitik für das 21. Jahrhundert, Opladen 2000, S. 21
[3] Ebd. S. 43

2. Die tropischen Regenwälder Südamerikas als Wohn- und Wirtschaftsraum

2.1 Wirtschaftliche Nutzung tropischer Regenwälder in Südamerika

Die wirtschaftliche Nutzung tropischer Regenwälder steht seit jeher im Vordergrund der dortigen Bevölkerung. Erst mit der Ankunft europäischer Einwanderer sowie dem in den folgenden Jahrhunderten sprunghaften Anstieg der Weltbevölkerung hat die Menschheit einen deutlichen und nachhaltigen Einfluss auf diese Weltregion hinterlassen.[4] Die indianische Urbevölkerung verursachte keine bedeutenden Veränderungen auf dieses Ökosystem, sodass man von einer wirtschaftlichen Nutzung der südamerikanischen Regenwälder erst ab der Neuzeit sprechen kann. Während die ersten europäischen Entdecker des 16. Jahrhunderts noch die ersten Entdecker die Vorzüge dieses Ökosystems priesen, sodass man zu der Aussage „the early explorers praised the healthy climate and marveled at the luxuriant vegetation"[5] kommen konnte, führten die Europäer den Privatbesitz und die Plantagenwirtschaft ein, vornehmlich um durch den Export Geld zu verdienen, aber auch um mit modernen Anbaumethoden der sprunghaften Bevölkerungsexplosion habhaft zu werden. Dies zu wissen ist die notwendige Basis für die kommenden Jahrhunderte, denn das von den Europäern eingeführte Wirtschaftssystem und die Methoden der Gewinnung von Wirtschaftsgütern waren für das dort befindliche Ökosystem nicht ausgelegt. Weder die Forst- noch die Landwirtschaft wurde an die tropischen Verhältnisse angepasst. Es wurden einfach die Methoden des west- und südeuropäischen Ökosystems auf dieses fremde System übertragen. Anhand von den Wirtschaftsgütern „Holz" und „Bodenschätze" soll nun näher auf jene Methoden und Auswirkungen eingegangen werden um Anhand von zwei Beispielen die Veränderungen dieses Ökosystems zu betrachten.

---

[4] Meggers, Betty: Amazonia. Man and Culture in a Counterfeit Paradies, Washington 1998, S. 150
[5] Ebd. S. 151

2.1.1 Holz als Wirtschaftsgut

Der Handel mit Tropenholz gilt in der Wahrnehmung vieler Menschen nach wie vor als Hauptgrund der Zerstörung des Regenwaldes. Der Handel mit Tropenholz betrifft allerdings nur ca. 20% des Holzeinschlags, während der Anteil des Einschlags zur Energiegewinnung bei ca. 80% liegt.[6] Die wirtschaftliche Nutzung des Naturguts „Holz" in den Tropen dient somit hauptsächlich der Energiegewinnung für die dortige Bevölkerung. Als wichtige Energiequelle steht Holz in auf den ersten Blick in unbegrenzter Vielzahl zur Verfügung. Eine Nutzung alternativer Energiequellen wie Solar- oder Windkraft hätte daher das Potenzial den Regenwald mehr zu schützen, als eine Dämonisierung des Tropenholzhandels. Ebenfalls anzumerken ist noch, dass ein beträchtlicher Teil des Wirtschaftsguts Holz gar nicht effektiv genutzt wird. Um günstig neuen Siedlungsraum oder Ackerfläche zu schaffen wird mithilfe der Brandrodung gezielt neuer Lebens-, Arbeits- und Wirtschaftsraum geschaffen. Diese nichtnachhaltige Nutzung für den einzigartigen Lebensraum „tropischer Regenwald" birgt eine weitere Gefahr, sodass dieser Lebensraum weiter Schaden nehmen wird oder für die künftigen Generationen sogar ganz verschwindet.

Holz als Wirtschaftsgut darf insgesamt aber nicht für die Zerstörung des Regenwaldes verantwortlich gemacht werden. Es bedarf einer genaueren Untersuchung, welche die Holzwirtschaft zunächst in zwei Kategorien spaltet. Nachhaltige und nicht-nachhaltige Forstwirtschaft wären diese Kategorien. Um das Problem der Definierbarkeit dieser Begriffe zuvorzukommen, wird in der aktuellen Wirtschaftssprache von „legaler und illegaler Holzwirtschaft" gesprochen.[7] Die Problematik in der Bekämpfung illegaler Holzwirtschaft wird deutlich, wenn man sich die örtlichen Lebensbedingungen anschaut. Der Handel mit Tropenholz kann in einer verarmten Region Südamerikas oder Afrikas vielen Menschen eine wirtschaftliche Existenz ermöglichen und muss auch dieser Perspektive gesehen werden. Bevor dies kritisiert werden darf, ist darauf zu verweisen, dass die Industrienationen den Markt für diesen Holzhandel erst ermöglichen, indem sie eine gewaltige Nachfrage nach edlen Hölzern wie Mahagoni haben. Im eigenen Interesse müssten aber die dortigen Fortwirtschaftsmethoden eine langfristige Wertschöpfung als Ziel haben, was aber nicht

[6]Schweizer Holzhandelszentrale (Hrsg.): TROPENHOLZNUTZUNG UND TROPENWALDZERSTÖRUNG FAKTEN ZU EINER KONTROVERSE http://www.holzhandelszentrale.ch/pdf/tropenholznutzung.pdf, Seite 3
[7] Dieter, Matthias; Küpker, Markus: Die Tropenholzeinfuhr der Bundesrepublik Deutschland 1960-2005 – insgesamt und aus geschätzten illegalen Holzeinschlägen, Hamburg 2006, S. 5

möglich wird durch eine nicht-nachhaltige Fortwirtschaft. Als Maßnahme zur nachhaltigen Fortwirtschaft hat die Europäische Union den Aktionsplan FLEGT[8] verabschiedet, indem sie sich zur legalen und nachhaltigen Tropenholzwirtschaft bekennt.[9] Die Begrenzung solcher Maßnahmen wird aber sichtbar, wenn man sich vor Augen führt, dass die EU nur 10% des weltweiten Tropenholzes importiert, während alleine Japan als Einzelstaat das dreifache Satz Volumen importierte.[10] Es besteht daher das Risiko, dass die bisherigen illegalen Hölzer einfach in Drittstaaten importiert werden und der Erfolg des EU-Aktionsplanes im Sande zerläuft.

Ein Bericht aus dem Jahre 2006 der ITTO, der Vereinigung Tropenholz exportierender und importierender Staaten, kam zu dem Ergebnis, dass von jährlich zwölf Millionen Hektar gerodetem Regenwald lediglich 75.000 Hektar nachhaltig bewirtschaftet werden – im Jahre 1988.[11] Während Trinidad und Tobago damals sich schon der nachhaltigen Forstwirtschaft verschrieben haben, gab es in Afrika gar keine Entwicklung hin zu einer Abkehr des Raubbaus an der Natur. Im Jahr 2006 gab es was nachhaltige Forstwirtschaft angeht immerhin kleinere Fortschritte, sodass heute rund 40% der Anbaufläche unter dem Stichwort „nachhaltig" geführt werden kann – auch wenn der Spielraum was den Begriff angeht von Land zu Land verschieden ist.[12] Wie man sieht können Aktionspläne die Natur bewahren helfen, doch auf dem noch langen Weg hin zu einer Einsicht der Bedeutung von Waldschutzmaßnahmen wird wohl noch viel Zeit vergehen.

2.1.2 Bodenschätze

Die Funde von großen Erzvorkommen haben eine neues wirtschaftliches Standbein geschaffen, bergen aber auch das Risiko von Umweltzerstörung und Landraub seitens staatlicher oder privater Investoren. Besonders die Urbevölkerung ist davon betroffen, denn die Ansiedlung von Industrieparks, Infrastrukturmaßnahmen um die Metalle an die

---

[8] Forest Law Enforcement, Governance and Trade
[9] Europäische Kommision (Hrsg.): Bekämpfung des illegalen Holzeinschlags und des illegalen Holzhandels in den Entwicklungsländern, http://europa.eu/legislation_summaries/development/sectoral_development_policies/r12528_de.htm, Zugriff am 03.11.2011
[10] Schweizer Holzhandelszentrale (Hrsg.): TROPENHOLZNUTZUNG UND TROPENWALDZERSTÖRUNG FAKTEN ZU EINER KONTROVERSE http://www.holzhandelszentrale.ch/pdf/tropenholznutzung.pdf, Seite 4
[11] Offenberger, Monika: Tropen-Studie. Am eigenen Anspruch, gescheitert; http://www.sueddeutsche.de/wissen/tropen-studie-am-eigenen-anspruch-gescheitert-1.913578, Zugriff am 03.11.2011
[12] Ebd.

Hafenanlagen zu befördern oder in Weiterverarbeitungsfabriken zerstören das ökologische Gleichgewicht.[13]

Besonders kritisch ist anzumerken, dass die reichen Bodenschätze Südamerikas der einfachen Bevölkerung keinen Mehrwert brachten. Einst mussten die Indios tausende von Tonnen Gold an die Spanier liefern und bekamen dafür keine Gegenleistungen, heute kontrollieren globale Konglumerate den Erz- und Ölhandel.[14] Das von dem Rohstoffabbau auch nun verstärkt die tropischen Regenwälder betroffen sind, hängt mit der wirtschaftlichen Situation zusammen. Immer höhere Weltmarktpreise für Erze und Öle machen auch eine Förderung in den Regenwäldern wirtschaftlich tragfähig, sodass ein Raubbau an der Natur wirtschaftliche Gewinne abwirft und zu einem nachhaltigen Einschnitt führt bzw. führen wird. Zuerst suchen Geologen nach Vorkommen, dann wird mit Planierraupen ein freies Arial geschaffen, und Verbindungsstraßen zu den entfernten Förderstationen gebaut. Wenn dies geschehen ist, werden die Arbeiter angesiedelt und Pipelines quer durch den Regenwald getrieben.[15] Wenn eine Pipeline 900km durch Wälder und Hochwüsten vom oberen Amazonas bis zum Hafen von Bayovar verlegt werden kann, ist das wirtschaftlich sicher durchdacht und verheißt wirtschaftlichen Erfolg. Für die Artenvielfalt dieser einzigartigen Naturregion aber bleibt es eine einzige Katastrophe. Aber nicht nur Schäden durch Abholzungen sind vorzufinden, auch Öllecks in Pipelines und die darauf folgende Verseuchung von Trinkwasser, giftige Dämpfe durch Abbrennen von Gasen oder überdurchschnittliche Krebsraten bei der Bevölkerung des Umlandes lassen die Bodenschatzfunde in einen neuen Licht erscheinen.[16] Der Staat Ecuador hat von 1972 bis 2011 ungefähr 90 Milliarden US-Dollar mit den Ölgeschäften eingenommen, welchen Finanzwert die Waldzerstörung, Erosion, Verschmutzung des Wassers und der Luft haben müsste man erst gegenrechnen. Der Preis der Naturschäden dürfte aber höher liegen – und bleibt für die künftigen Generationen eine schwere Last.[17]

---

[13] Kohlhepp, Gerd: Siedlungs- und wirtschaftsräumliche Strukturwandlungen tropischer Pionierzonen in Lateinamerika Am Beispiel der tropischen Regenwälder Amazoniens, in: Lenz, Karl (Hrsg): Lateinamerika im Brennpunkt. Aktuelle Forschungen deutscher Geographen, Berlin 1987, S. 227
[14] Aubert, Hans-Jürgen: Südamerika, München 1978, S. 161
[15] Ebd. S. 165
[1616] Acosta, Alberto: Der Schatz im Regenwald. Im Yasuni-Gebiet lagert genug Erdöl, um die Welt 10 Tage zu versorgen. Eine Initiative will verhindern, dass dafür die Natur für immer zerstört wird. In: Edition Le Monde diplomatiqu; Südamerika. Der eigene Kontinent. Berlin 2011, S. 25
[17] Ebd. S. 25

2.2 Agrarnutzung

Die Nutzung der Agrarflächen hat sich über die Jahrhunderte massiv gewandelt. Von der Bewirtschaftung kleinerer Getreide- und Maisanbauflächen hat sich im Zuge der Globalisierung ein ernstzunehmender und auch gesellschaftlich unausgewogener Wirtschaftszweig gebildet. Von den Anbaumethoden der Kleinbauern bis zu den Plantagenbetrieben und ökonomisierten Agrarbetrieben heute sind nur wenige Jahrhunderte vergangen, an denen sich ein Wechsel mit der Nutzung des Regenwaldes vollzogen hat. Weg von der harmonischen Nutzung im Kontext des Biosystems dominieren heute gigantische Agrarbetriebe die Feldbearbeitung.[18] Obwohl Menschen in Südamerika noch hungern ist Brasilien ein Global Player z.B. im Sojaanbau geworden, mit dem wir unserer Viehhaltung günstige Nahrungsmittel bereitstellen oder für die Biokraftwerke günstige Rohstoffe zur Verfügung bekommen.[19]

Im folgenden wird nun ein knapper Einblick in die Agrarbewirtschaftungsmethoden gegeben. Der knappe Umfang dieses Gliederungspunktes kann daher genauso wie die vorangegangen und folgenden Abschnitte keinen Anspruch auf Vollständigkeit erheben, sondern soll mehr der Übersicht dienen und zum weiteren Selbststudium Anregung bieten.

2.2.1 Wanderfeldbau

Die Formen der Bodenbearbeitung unterscheiden sich hinsichtlich der Arbeitsformen gewaltig. Die ursprüngliche Form der traditionellen Kleinbauern erfolgt mit der Hacke oder kleineren motorgetriebenen Handfräsen, oder gar mit einem Ochsengespann. Deren Zeitplanung wird durch die vorgegebenen natürlichen Ressourcen bestimmt und richtet sich an den Bedürfnissen der Bevölkerung aus.[20] Durch Unkraut, Schädlinge und mühsame Handarbeit bleibt der Ertrag an Gütern gering und dient primär der Nahrungsmittelversorgung der anbauenden Bauern. Monokulturen bergen die Gefahr, dass Böden nur noch geringen Ertrag bringen und mittels Brandrodung daher neue Anbaufläche für Nahrungsmittel geschaffen wird.[21]

---

[18] Wallace, Scott: Brasilien. Die Gier nach Soja frisst den Regenwalt; in: http://www.spiegel.de/wissenschaft/ natur/0,1518,456376,00.html, Zugriff am 03.11.2011
[19] Ebd.
[20] Schulz, Bernhard: Ökoglogischer Landbau im Südosten Brasiliens, in: Der Tropenlandwirt Beiheft Nr .51, Witzenhausen 1994, S. 60-61
[21] Ebd. S. 61

2.2.2 Plantagenwirtschaft

Die Plantagen versuchen zunächst landwirtschaftliche Güter in gewaltigen Mengen für das In- und Ausland zu produzieren. Bereits die Römer nutzten mit den Latifunden diesen Produktionsstil, sodass diese Wirtschaftsform mit den Spaniern und Portugiesen 1500 Jahre später nach Südamerika kam und so stets den negativen Ruf der kolonialen Herrschaftsgeschichte als Beigeschmack hat.[22]

Was diese Wirtschaftsform mit den tropischen Regenwäldern zu tun hat, wird deutlich, wenn man sich den sprunghaften Verbrauch an Ackerfläche in Gedanken ruft. Anfang des 19. Jahrhunderts stieg der Bedarf Europas und Nordamerikas nach Kaffee sprunghaft an, und die Wachstumsbedingungen für die teure Bohne waren in Südamerika ideal.[23] Die küstennahen Wälder waren schnell abgeholzt und soweit das Auge blicken konnte, war nur noch ein Meer von Kaffeesträuchern zu erblicken. Dieser Wirtschaftszweig errang eine einzigartige Bedeutung, sodass das Hinterland von Sao Paulo zum weltweit größten Kaffeeproduzenten wurde.[24] Ähnlich wie die bereits genannten Bodenschätze benötigte dieser Wirtschaftszweig ein Netz von Schienentrassen, Infrastruktur für Arbeiter und Rodungen um dem Weltmarktbedarf an Kaffee gerecht zu werden. Bis zur Weltwirtschaftskrise 1929 und den gewaltigen Überproduktionen zur Folge verbilligte sich der Weltmarktpreis für Kaffee rapide, sodass eine wirtschaftliche Krise und der Ruin der Kaffeeplantagen die Folge war.

Die moderne Plantagenwirtschaft in Südamerika hat aus vielen Fehlern gelernt und richtet sich an einer breiten Anbaupalette aus. Moderne Produktionsverfahren und Qualitätsstandards lassen die Nahrungsmittelwirtschaft in Südamerika zu einem „Global Player" aufsteigen.

2.3 Die Tropen Südamerikas als Wohnraum

Die Tropen als eigener Wohnraum sind spätestens seit den Siedlungsprojekten der jeweiligen Regierungen von Interesse für die Betrachtung dieses Ökosystems. Egal ob einzelne Siedler, staatlich gelenkter Agrarkolonisation oder Ansiedlungen globaler Weltkonzerne, deren Belegschaft in unmittelbarer Nähe zu ihren Erwerbsstätten

---

[22] Aubert, Hans-Jürgen (1978), S. 149
[23] Ebd. S. 149
[24] Ebd. S. 149

9

untergebracht werden müssen stellen den Regenwald vor neue Herausforderungen und Schwierigkeiten.[25] Die Besiedlung erfolgte aus mehreren Gründen, denn die Lebensbedingungen und das Schaffen einer Infrastruktur waren und sind mit immensen Kosten verbunden. Egal ob die Schaffung neuer Lebensräume durch die Bevölkerungsexplosion der letzten 50 Jahre, neue Arbeitsplätze in der Holz,- Erdöl,- und Erzwirtschaft oder die Erschließung strategischer Gebiete im Vordergrund standen – so vielfältig wie die Menschen so vielfältig sind die Gründe für die Besiedlung des tropischen Regenwaldes.[26]

Die Ansiedlung erfolgte dabei wellenförmig. Zuerst wurden in den 30er Jahren des 20. Jahrhunderts die Siedlungen nur an Flüssen gebaut, ab den 60er Jahren begann der Fernstraßenbau und in den 80er Jahren sollte mithilfe von Großprojekten die wirtschaftliche Wertschöpfung die Siedlerströme lenken.[27] Inwiefern soziale Spannungen oder Umweltzerstörung sich nachhaltig bemerkbar machten wurde teilweise schon dargestellt, teilweise wird es nun dargestellt. Als Fallbeispiel soll der brasilianische Bundesstaat „Rondonia" gelten, der nun genauer beleuchtet wird.

2.3.1 Das Siedlungsprojekt Rondonia

Rondonia betitelt zunächst einen Bundesstaat Brasiliens. In der östlichen Region des Amazonas gelegen. Bekannt wurde der Bundesstaat allerdings für das Kolonisationsprojekt der brasilianischen Regierung seit den 70er Jahren.[28] Seitdem 1958 in der Region auf Zinnerz gestoßen wurde, begann eine wirtschaftliche Aufwärtsbewegung der zuvor nur dünn besiedelten Region. Mit dem wirtschaftlichen Aufschwung stieg auch die Bevölkerung von 37.000 (1950) über 500.000 (1980) bis zu 1,5 Millionen Menschen (2010).[29]

9

9

[25] Bremer, Hanna: Die Tropen. Geographische Synthese einer fremden Welt im Umbruch, Stuttgart 1999, S. 291
[26] Ebd. S. 294-298
[27] Ebd. S. 295
[28] Brasilien Reiseservice (Hrsg.): Allgemeines über den Bundesstaat Rondônia, http://www.brasilien.de /land/staaten/rondonia.asp, Zugriff am 03.11.2011
[29] Ebd.

Ziel war es eine landwirtschaftlich bisher noch nicht genutzte Region zu erschließen, was auch unter dem Stichwort „Agrarkolonisation" benannt wird. Entlang des Transamazonica sollte diese Region besiedelt werden und wirtschaftlich nutzbar gemacht werden.[30]

Ziel war es, die wirtschaftliche Nutzung des bisher noch kaum erschlossenen Amazonasraumes zu ermöglichen. Aufgrund von Unruhen und Dürrekatastrophen im Nordosten Brasiliens wurde dieses gewaltige Projekt vorangetrieben.[31] Im Juni 1970 sollte das staatliche Projekt anlaufen und eine Million Menschen in das Amazonasgebiet bringen. Zwischen den Fernstraßen „Transamazonica" und „Cuiaba-Santarem" wurden Flächen an Siedlerfamilien verteilt, deren Zahl jedoch hinter den Erwartungen zurückblieb und zuerst nur zu einem kleinen Teil der geplanten Neuankömmlinge in diese Region kam, da durch schlechte Bodenqualität, ungeeignetes Saatgut und die folgenden Missernten die potenziellen Siedler abgeschreckt wurden.[32]

Wie kann man dieses Projekt einordnen, und die wirtschaftlichen, ökologischen und sozialen Folgen miteinander vergleichen? Ein Blick in einen Artikel der Zeitschrift „der Spiegel" von 1985 und 2010 lässt eine historische und eine Gegenwartsperspektive lebendig werden. Beide Male geht es um die Entwicklung in dieser abgelegenen Erdregion.

1985 war ein Höhepunkt des Besiedlungsprojekte, und rein faktisch konnte man damals von einem Erfolg des Slogans „ein Land ohne Menschen für Menschen ohne Land" des Diktators General Emilio Garrastazu Medici sprechen, auch wenn dieser erst einige Jahre später eintrat.[33] Das besondere an dem staatlich geförderten Siedlungsprojekt war von Anfang an, dass den Einwanderern riesige Gebiete zugeteilt wurden, welche von diesen ohne Auflagen bewirtschaftet werden konnten. So kommt der Pressesprechers des Ministers für Öffentliche Bauten im Bundesstaat Mato Grosso zu der Aussage, „Es gibt gewisse Gesetze, um den Wald zu schützen ... aber die kann doch keiner einhalten". Mit gigantischem Aufwand werden die Wälder gerodet um Ackerflächen zu gewinnen oder Rinderweiden zu schaffen. Schon damals

[30] Wikimedia Foundation (Hrsg.): Agrarkolonisation, http://de.wikipedia.org/wiki/Agrarkolonisation, Zugriff am 03.11.2011
[31] ISB – Institut für Schulung und Beruf (Hrsg.): Rodungen im Regenwald Rondonias/Brasilien, http://www.isb.bayern.de/isb/download.aspx?DownloadFileID=6caba09bf8b4fd6cf8d535afc4850542, Zugriff am 03.11.2011, S. 175ff
[32] Ebd.
[33] DER SPIEGEL (Hrsg.): Brasilien. Hier wird jeder Reich, http://www.spiegel.de/spiegel/print/d-13515152.html, Zugriff am 03.11.2011

stellte der Autor des Spiegel-Artikels fest, dass eine Versteppung der gerodeten Flächen folgen wird.[34]

Mehr als zwei Jahrzehnte später sind bereits ein Fünftel abgeholzt und ein weiteres Fünftel stark beschädigt. Eine Folge der Kolonialisierung, die stets neue Flächen benötigt um Sojafelder, Bananenplantagen oder Rinderweiden zu beherbergen. Dabei wurde durch die Besiedlungsmaßnahme ignoriert, dass dieses Land eigenetlich den indianischen Ureinwohnern gehört, doch die bekamen damals keine Lobby und keine internationale Unterstützung. In Zeiten des Klimawandels ändert sich das nun, und verschiedene NGO`s versuchen zu retten was noch zu retten ist.[35] Aktivisten wie Thomas Pizer von der Organisation Aquaverde unterstützen die Indianer bei Wiederaufforstungsprojekten und geben rechtliche Unterstützung im Kampf gegen die Holzlobby.

3. Abschließende Gedanken

Der tropische Regenwald ist nicht nur von der reinen Fläche ein riesiges Gebiet, ebenfalls ist es ein riesiges Gebiet was Artenvielfalt und Weltklima beeinflusst. Wie bereits in der Einleitung genannt, ist der Erhalt dieses Naturraums schon aus rein egoistischen Gründen eine Verantwortung für die gesamte Menschheit, und für die Industrienationen der globalisierten Welt umso mehr. Wenn wir nicht bereit sind uns für den Erhalt einzusetzen, sei es durch den Kauf nur von Tropenhölzern aus nachhaltiger Forstwirtschaft oder ganz gezielten Hilfsmaßnahmen vor Ort – egal ob es Umweltschutzprojekte oder regenerative Energiegewinnung betriff, von dem technischen Know-How können jene Länder besonders profitieren.

Vor allem müssen wir uns aber fragen, welchen Preis wir bereit sind zu bezahlen. Die Erdölförderung geschieht durch amerikanische und europäische Konzerne, von deren Steuereinnahmen wir profitieren, oder eine unzureichende Entwicklung auf dem Gebiet der Energiegewinnung wird durch blinden Holzeinschlag ausgeglichen. Daher muss man sich die Frage stellen, was letztlich das höhere Gut ist. Wollen wir wirklich auf Kosten aktuellen

---

[34] Ebd.
[35] Mittelstaedt, Juliane von: Brasilien. Der globale Indianer, http://www.spiegel.de/spiegel/print/d-70569509.html, Zugriff am 03.11.2011

Gewinnstrebens den künftigen Generationen eine zerstörte Umwelt entwickeln, oder sind wir bereit um von unserem Wohlstand einen Teil zurückzugeben, damit auch noch unsere Enkel sich an der Natur und Umwelt erfreuen können... und ob wir die Rechte der Ureinwohner wahren können, denn es ist ihr Land, welches ihnen genommen wurde und was in ihren Händen über Jahrhunderte gut gepflegt wurde. Erst seit der Ankunft der europäischen Siedler ist der Regenwald in Südamerika in seiner Existenz grundlegend geschädigt worden. Zu meinen, man könnte diesen Prozess umkehren wird wohl nicht mehr machbar sein. Diesen Prozess aber möglichst verantwortungsbewusst zu steuern ist die letzte Chance die wir nutzen müssen. Für uns und für unsere Kinder und Enkel.

4. Literaturangaben

4.1) Monographien und gedruckte Artikel

Acosta, Alberto: Der Schatz im Regenwald. Im Yasuni-Gebiet lagert genug Erdöl, um die Welt 10 Tage zu versorgen. Eine Initiative will verhindern, dass dafür die Natur für immer zerstört wird. In: Edition Le Monde diplomatiqu; Südamerika. Der eigene Kontinent. Berlin 2011

Bremer, Hanna: Die Tropen. Geographische Synthese einer fremden Welt im Umbruch, Stuttgart 1999

Kohlhepp, Gerd: Siedlungs- und wirtschaftsräumliche Strukturwandlungen tropischer Pionierzonen in Lateinamerika Am Beispiel der tropischen Regenwälder Amazoniens, in: Lenz, Karl (Hrsg): Lateinamerika im Brennpunkt. Aktuelle Forschungen deutscher Geographen

Meggers, Betty: Amazonia. Man and Culture in a Counterfeit Paradies, Washington 1998

Müller, Klaus: Globalisierung, Frankfurt 2002

Oberthür, Sebastian: Das Kyoto-Protokoll. Internationale Klimapolitik für das 21. Jahrhundert, Opladen 2000

Schulz, Bernhard: Ökoglogischer Landbau im Südosten Brasieliens, in: Der Tropenlandwirt Beiheift Nr .51, Witzenhausen 1994

4.2) Internetquellen

Brasilien Reiseservice (Hrsg.): Allgemeines über den Bundesstaat Rondônia, http://www.brasilien.de /land/staaten/rondonia.asp, Zugriff am 03.11.2011

DER SPIEGEL (Hrsg.): Brasilien. Hier wird jeder Reich, http://www.spiegel.de/spiegel/print/d-13515152.html, Zugriff am 03.11.2011

Europäische Kommision (Hrsg.): Bekämpfung des illegalen Holzeinschlags und des illegalen Holzhandels in den Entwicklungsländern, http://europa.eu/legislation_summaries/development/sectoral_development_policies/r12528_de.htm, Zugriff am 03.11.2011

ISB – Institut für Schulung und Beruf (Hrsg.): Rodungen im Regenwald Rondonias/Brasilien, http://www.isb.bayern.de/isb/download.aspx?DownloadFileID=6caba09bf8b4fd6cf8d535afc4850542, Zugriff am 03.11.2011

Mittelstaedt, Juliane von: Brasilien. Der globale Indianer, http://www.spiegel.de/spiegel/print/d-70569509.html, Zugriff am 03.11.2011

Offenberger, Monika: Tropen-Studie. Am eigenen Anspruch, gescheitert; http://www.sueddeutsche.de/ wissen/tropen-studie-am-eigenen-anspruch-gescheitert-1.913578, Zugriff am 03.11.2011

Schweizer Holzhandelszentrale (Hrsg.): TROPENHOLZNUTZUNG UND TROPENWALDZERSTÖRUNG FAKTEN ZU EINER KONTROVERSE http://www.holzhandelszentrale.ch/pdf/tropenholznutzung.pdf, Zugriff am 03.11.2011

Wallace, Scott: Brasilien. Die Gier nach Soja frisst den Regenwalt; in: http://www.spiegel.de/wissenschaft/ natur/0,1518,456376,00.html, Zugriff am 03.11.2011

Wikimedia Foundation (Hrsg.): Agrarkolonisation, http://de.wikipedia.org/wiki/Agrarkolonisation, Zugriff am 03.11.2011